图书在版编目（CIP）数据

卫星 Z 档案 / 胡晓阳，程雷编著；吴佳明绘画 . —
北京：北京日报出版社，2024.6
ISBN 978-7-5477-4868-8

I.①卫… Ⅱ.①胡… ②程… ③吴… Ⅲ.①人造卫
星－青少年读物 Ⅳ.V474-49

中国国家版本馆 CIP 数据核字（2024）第 028760 号

卫星Z档案

责任编辑： 秦　姚
出版发行： 北京日报出版社
地　　址： 北京市东城区东单三条8-16号东方广场东配楼四层
邮　　编： 100005
电　　话： 发行部：（010）65255876
　　　　　　 总编室：（010）65252135
印　　刷： 晟德（天津）印刷有限公司
经　　销： 各地新华书店
版　　次： 2024年6月第1版
　　　　　　 2024年6月第1次印刷
开　　本： 889毫米×1194毫米　1/16
印　　张： 2.25
字　　数： 80千字
定　　价： 49.80元

卫星Z档案

胡晓阳 程雷 / 编著

吴佳明 / 绘画

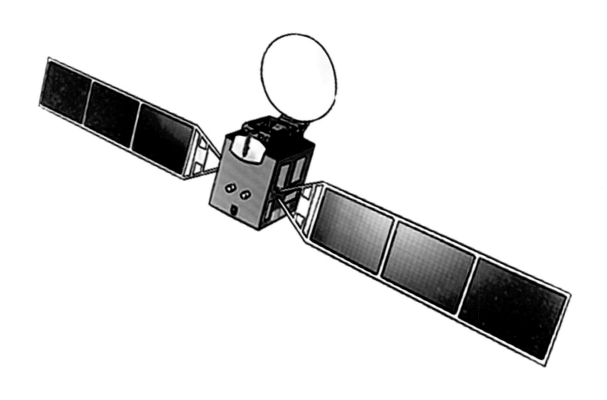

北京日报出版社

世界上最早的人造地球卫星
——苏联斯普特尼克1号

小问号：博士，可以给我讲讲关于人类第一颗人造卫星的故事吗？

Z博士：世界上最早的人造地球卫星是"斯普特尼克1号"（Sputnik 1），由苏联在1957年10月4日从拜科努尔发射场发射的，是人类首次成功将卫星送入地球轨道。

斯普特尼克1号档案

斯普特尼克1号卫星由镀铝合金制成，外表呈圆球形，外伸4根鞭状天线，重83.6千克，直径58厘米，主要由壳体、卫星设备和天线组成，内部装有两部无线电发报机。主要用于获取高层大气密度、无线电电离层传输等方面测量数据。

它持续向地球发送无线电波信号至1957年10月26日，才因为电池用尽而中断。1958年1月4日，因失去动力脱离其工作轨道并坠入大气层。

斯普特尼克1号的发射是太空探索历史上的一个重要里程碑，它象征着人类勇于探索未知的精神和科技的突破。在此之后，其他国家纷纷将自己的第一颗人造卫星发射升空，从此人类进入利用航天器探索外层空间的新时代。

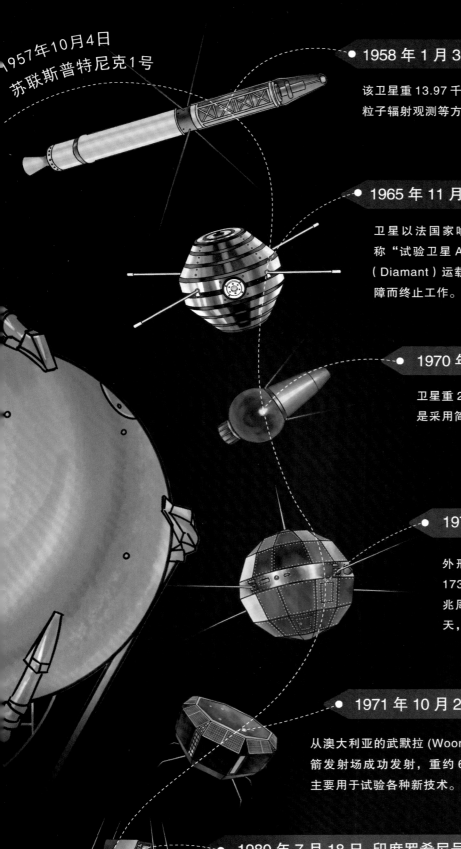

1957年10月4日
苏联斯普特尼克1号

1958 年 1 月 31 日 美国探险者 1 号

该卫星重 13.97 千克，卫星中段对称装有 4 根鞭状天线。在宇宙线、粒子辐射观测等方面有一定的收获。

1965 年 11 月 26 日 法国试验卫星 A-1 号

卫星以法国家喻户晓的漫画主人公的名字 Asterix 而命名，也称"试验卫星 A-1"，重约 42 千克（93 磅）。由法国的"钻石"（Diamant）运载火箭发射升空。卫星在发射后只工作 2 天就因故障而终止工作。

1970 年 2 月 11 日 日本大隅号

卫星重 24 千克，名称取自发射基地所在的大隅半岛。是采用简单的不可控固体火箭发射的民用卫星。

1970 年 4 月 24 日 中国东方红一号

外形为近似球体的 72 面体，直径约 1 米，质量为 173 千克，卫星由铝合金作为星体材料，用 20.009 兆周的频率播送《东方红》乐曲，设计工作寿命 20 天，实际工作 28 天。

1971 年 10 月 28 日 英国普罗斯帕罗号

从澳大利亚的武默拉 (Woomera) 火箭发射场成功发射，重约 66 千克，主要用于试验各种新技术。

1980 年 7 月 18 日 印度罗希尼号

印度用独立制造的 SL-3 型火箭，从本土上的斯里哈里科塔航天中心，成功地发射了第一颗独立研制的地球人造卫星。

延伸阅读

斯普特尼克 1 号在近地轨道上运行了 92 个昼夜，绕地球飞行 1400 圈，总航程 6000 万千米。为此，联合国第 54 届大会确定每年的 10 月 4 日至 10 月 10 日为"世界空间周"。

小问号：Z 博士，多亏有了通信卫星，我在家里也能看到世界杯比赛的直播啦，可是我还不知道世界上的第一颗通信卫星是哪颗呢？

Z 博士：美国国家航空航天局（NASA）于 1958 年 12 月 18 日发射的有源试验通信卫星"斯科尔号"（Score），它是世界上第一颗成功发射的通信卫星。

斯科尔号档案（Score）

"斯科尔号"（Score）发射的目的是试验能否将卫星用于通信。卫星发射质量约 3980 千克，有效载荷 68 千克，它的主要任务是通过广播系统传输一条预先录制的音频信息，包括美国总统艾森豪威尔的圣诞祝福词。

为提高可靠性，卫星安装两套设备。每套设备包含一部接收机、发射机、磁带记录器、控制单元、信标发射机、直流变换器和电池组。虽然斯科尔号在发射成功 12 天后因蓄电池储电耗尽而停止工作，且轨道高度低，但由此却拉开了通信卫星研制的时代。

NASA

相隔两年后，第一颗专门用于全球通信的人造卫星"回声1号"（Echo 1）在1960年8月12日发射，随后上升到了距离地面1,600千米的高度。它是一个表面镀PET膜的气球，直径约为30米，其表面可以作为无源反射器用于无线电通信。

延伸阅读

我国发射的第一颗人造卫星"东方红一号"也是将歌曲《东方红》源源不断地向宇宙和地球表面播送，但是它并不是我国真正意义上的第一颗通信卫星。在1984年4月发射的"东方红二号"试验通信卫星成功入轨，才真正开启了中国通信卫星的篇章。

世界上最早的地球同步静止轨道通信卫星
——美国辛康3号

小问号：Z博士，卫星不是应该在轨道上不停运动吗？为什么有时候看一颗卫星，它一直都在那里，没有改变位置呢？

Z博士：这是因为卫星处于地球静止轨道上，在这条轨道上进行地球环绕运动的卫星始终位于地球表面的同一位置，地面观察者看到卫星始终保持静止不动，因此许多人造卫星，尤其是通信卫星，多采用地球静止轨道。1964年8月19日，辛康3号（Syncom3）发射成功，这是世界上最早的地球静止轨道卫星。

辛康卫星3（Syncom3）诞生记

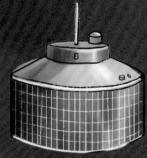

1961年，NASA（美国航空航天局）与休斯飞机公司签订了第一个地球同步通信卫星合同，该卫星称为辛康(Syncom)。

1963年8月23日，美国总统约翰·肯尼迪通过辛康2号与尼日利亚总理阿巴巴卡尔·巴莱瓦通话。

1964年8月19日，辛康3号卫星发射成功，定点于太平洋赤道上空国际日期变更线附近，成为了世界上最早的地球静止轨道通信卫星。

1964年10月经该卫星转播了（东京）奥林匹克运动会的实况。辛康3号卫星的成功发射和运行标志着地球同步通信技术的重要突破。它为后来的通信卫星发展奠定了基础，并推动了全球通信的进一步发展和普及。

辛康卫星（Syncom）的介绍

Syncom 系列通信卫星呈圆柱形，直径为 71 厘米，高度为 39 厘米，含推进器质量为 68 千克。

○ 1963 年 2 月 14 日，辛康 1 号成功发射，但因电气故障失联。

○ 1963 年 7 月 26 日，辛康 2 号成功发射，但卫星轨道与赤道平面存在倾角，相对于地面作 8 字形移动，因而尚不能叫静止卫星，但未影响到电话、电视直播测试，在大西洋上首次用于通信业务，也成为世界上第一颗同步通信卫星。

延伸阅读

地球静止轨道是指卫星或人造卫星垂直于地球赤道上方的正圆形地球同步轨道，也就是说人造卫星与地面相对静止，固定在赤道上空，顺行的圆形轨道距地面高度为 35786 千米。在地面上的人看来，在这条轨道上运行的卫星是静止不动的。一般通信卫星、广播卫星、气象卫星选用这种轨道比较有利。地球同步轨道有无数条，而地球静止轨道只有一条。

我国的第一颗同步静止轨道通信卫星

○ 1984 年 4 月 8 日，中国第一颗静止轨道实验通信卫星——东方红二号实验卫星（CZ–3/Y2）发射成功，顺利进入轨道，成功定点于东经 125° 赤道上空，进行包括电话、电视和广播等各项通信试验，开始了我国独立自主的通信卫星进行卫星通信历史。

○ 1986 年 2 月，东方红二号卫星又在西昌卫星发射中心进行了发射，这次是实用型卫星，其发射和定点均获成功。

小问号：导航卫星组成了定位系统，可以在手机上为我们指路，那最早的导航卫星是哪颗呢？

Z博士：世界上最早的导航卫星是美国在 1960 年 4 月 13 日成功发射的"子午仪－1B"（Transit-1B）卫星，即子午仪卫星定位系统，自此导航卫星的发展开始进入试验、验证阶段。

子午仪卫星（Transit）▶

1959 年 9 月 17 日，第一颗子午仪卫星（Transit-1A）搭载雷神火箭发射，遗憾的是由于火箭第三级未点燃，未能顺利进入轨道。

1960 年 4 月 13 日，备用星"子午仪－1B"（Transit-1B）用雷神－艾布尔星作运载，在卡纳维拉尔角发射成功。卫星为直径 0.91 米的圆球形，天线在每个半球表面呈螺旋状，太阳能电池安置在圆球的中央，呈一环带。

子午仪-1B（Transit-1B）

子午仪－2A（Transit-2A）和子午仪－3A（Transit-3A）分别于 1960 年 6 月 22 日和 11 月 30 日发射，后者由于火箭故障未能进入预定轨道。

此后的几年里，子午仪卫星持续改进发射。1967 年 7 月子午仪卫星导航系统组网适用并开始进入民用领域。

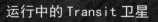

运行中的 Transit 卫星

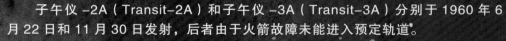

◀ 子午仪卫星定位系统（Transit

"子午仪卫星定位系统"又称为"海军卫星导航系统"（NNSS），由 6 颗卫星部署在 6 个轨道上组成，是全球首个卫星导航系统。

子午仪卫星定位系统由卫星网、地面跟踪站、计算中心、注入站、美国海军天文台和用户接收设备等 6 部分组成。

延伸阅读

　　世界上正在全球范围运行服务的卫星导航系统共有四个：美国的全球定位系统（GPS）；由苏联开发、俄罗斯继续建设的格洛纳斯全球卫星导航系统（GLONASS）；欧盟的伽利略卫星导航定位系统（Galileo）和中国的北斗卫星导航系统（BDS）。

美国全球定位系统（GPS）

　　全球定位系统（Global Positioning System，GPS）是美国从 20 世纪 70 年代开始研制的。历时 20 年，耗资 200 亿美元，于 1994 年全面建成，具有在海、陆、空进行全方位实时三维导航与定位功能的新一代卫星导航与定位系统。目前，GPS 是全球范围内精度最高、覆盖范围最广的导航定位系统。

俄罗斯格洛纳斯全球导航卫星系统（GLONASS）

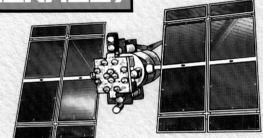

　　1976 年，苏联政府启动 GLONASS 系统，1978 年开始研制，1982 年 10 月开始发射导航卫星。GLONASS 星座轨道由 24 颗处于中高度近圆轨道的卫星组成，高度为 19,100 千米。GLONASS 技术，可为全球海陆空以及近地空间的各种军、民用户全天候、连续地实时地提供高精度的三维定位和时间信息。

欧洲伽利略卫星导航定位系统（Galileo）

　　欧盟于 1999 年首次公布伽利略卫星导航系统计划。2005 年 12 月，第一颗试验卫星 GIOVE-A 发射。随后，第二颗测试卫星 GIOVE-B 于 2008 年 4 月发射。但由于资金困难及管理体制的原因，导致发射 Galileo 组网卫星的速度缓慢。与其他国家导航定位系统不同的是，伽利略卫星系统是第一个独立于军方的民用卫星导航系统。

中国北斗卫星导航系统（BDS）

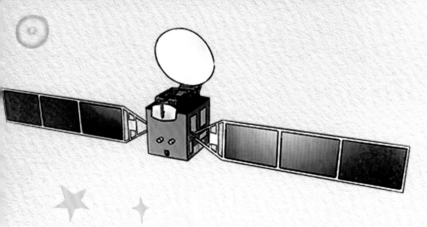

　　北斗卫星导航系统（Beidou Navigation Satellite System，简称：BDS）是中国自行研制的全球卫星导航系统，也是继 GPS、GLONASS 之后的第三个成熟的卫星导航系统。

　　2000 年 10 月 31 日，我国第一颗导航定位星"北斗导航试验卫星"在西昌卫星发射中心发射成功。2000 年底，建成北斗一号系统，向中国提供服务；2012 年底，建成北斗二号系统，向亚太地区提供服务；2020 年，建成北斗三号系统，向全球提供服务。

Z档案【05】
世界上最早的遥感卫星
——美国地球资源技术卫星 1号/陆地卫星1号

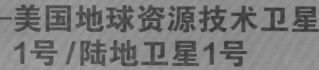

小问号：Z博士，您之前说人造卫星通常有地球同步轨道、太阳同步轨道和极地轨道，这三条轨道上有什么特别的故事和特别的卫星吗？

Z博士：遥感卫星包含气象卫星、陆地卫星和海洋卫星。世界上最早的遥感卫星是美国国家航空航天局（NASA）于1972年7月23日发射的一颗地球资源卫星。

遥感卫星——地球资源技术卫星1号/陆地卫星1号（ERTS-1/Landsat-1）

地球资源技术卫星1号（ERTS-1）由美国国家航空航天局（NASA）于1972年发射，该卫星重750千克，搭载德尔塔904型火箭顺利升空，绕地球进行18天一周期的飞行。它的任务是利用遥感技术获取地球表面的图像和数据，以帮助监测和管理地球上的资源和环境。它是NASA的一项长期遥感卫星计划——陆地卫星计划的第一个成员，后被改名为"陆地卫星1号"（Landsat-1）。

该卫星采用了多光谱扫描仪，能够获取可见光和红外线波段的影像。可以用于绘制地图、监测农作物和森林覆盖、水资源管理、城市规划等领域。

遥感卫星家族的其他成员

遥感卫星——气象卫星

气象卫星是以搜集气象数据为主要任务的遥感卫星，为气象预报、台风形成和运动过程监测、冰雪覆盖监测和大气与空间物理研究等提供大量实时数据。气象卫星大致可以分两类：同步气象卫星和极轨气象卫星。

同步气象卫星

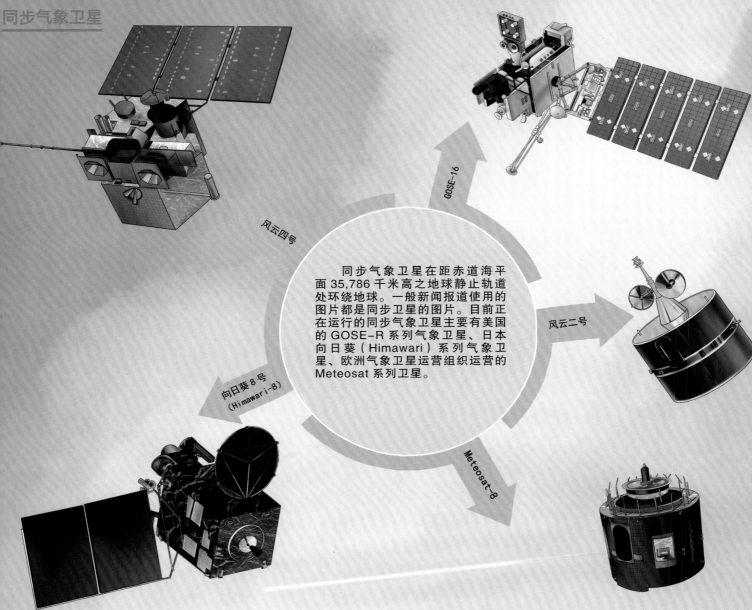

同步气象卫星在距赤道海平面 35,786 千米高之地球静止轨道处环绕地球。一般新闻报道使用的图片都是同步卫星的图片。目前正在运行的同步气象卫星主要有美国的 GOSE-R 系列气象卫星、日本向日葵（Himawari）系列气象卫星、欧洲气象卫星运营组织运营的 Meteosat 系列卫星。

GOSE-16

风云四号

风云二号

向日葵8号（Himawari-8）

Meteosat-8

极轨气象卫星

极轨卫星在离地面 720 至 800 千米的轨道上运行，它们的轨道通过地球的南北极，而且它们的轨道是与太阳同步的，也就是说，它们每天两次飞越地球表面上的一个点，而且总是在同一个钟点。美国、中国、印度和俄罗斯拥有极轨气象卫星。

遥感卫星——海洋卫星

海洋卫星是以搜集海洋资源及其环境信息为主要任务的遥感卫星。海洋面积占地球面积的 70% 以上，蕴藏着丰富的资源并对气象有重大的影响。因此，通过卫星遥感研究海洋具有重要意义。海洋卫星通常装有高度计、L 波段侧视雷达、散射计、微波辐射计和可见光与红外辐射计等遥感器，获取的数据在研究海洋浮冰和陆地积雪、地质构造、洪水泛滥淹没等方面都有很大的作用。

电梯超载报警了。 小问号：火箭像电梯一样，带着卫星上天，是不是卫星越小，带的卫星越多？世界上最小、最轻的卫星是哪个呢？

Z博士：人造卫星的用途不一，形状各异，大小也相去甚远。世界上最小最轻的卫星是印度的天才少年发明的卡拉姆（KalamSat）卫星。

印度卡拉姆卫星

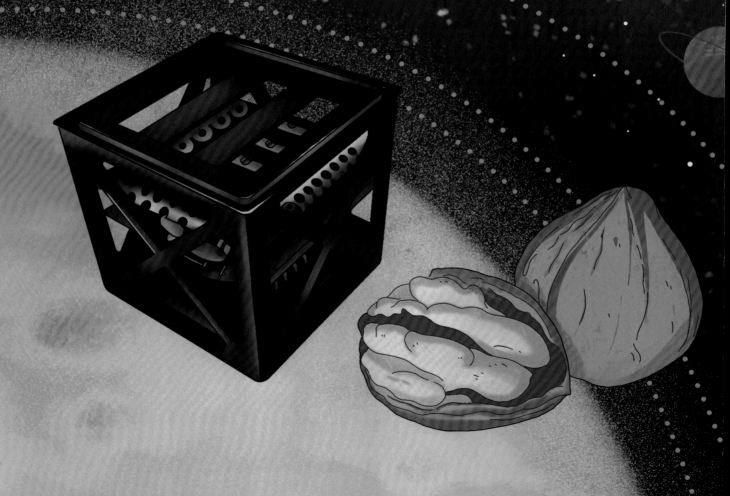

2017 年，印度的天才少年 Rifath Sharook 和他的团队采用 3D 打印技术，利用碳纤维聚合物，成功制造出一颗卫星，命名为"KalamSat"。这颗卫星边长只有 4 厘米，契合美国 NASA 提供的"立方体卫星"规范，也就是单面面积不超越 10 平方厘米的立方体。整个卫星体积仅比核桃大一点，分量加上外部一应俱全的设备也只有 64 克，仅比一颗网球重一点。卫星装备有 8 颗传感器，用来调整姿势，以确保它能够以如此微型的体积在太空中顺利运行，并可以搜集和发送地球电离层数据。

2017 年 6 月 22 日，在印度瓦勒普斯岛（Wallops Island），该卫星由 NASA 美国太空总署火箭发射升空，在太空执行为时 240 分钟的任务，并且在太空的微重力环境下运作长达 12 分钟。

KalamSat 卫星的成功研制，打破了三项世界纪录：它是全球最小最轻的卫星，也是第一个依托 3D 打印技术发明出的卫星，而 Rifath 自己则是世界上年龄最小的卫星创造人。

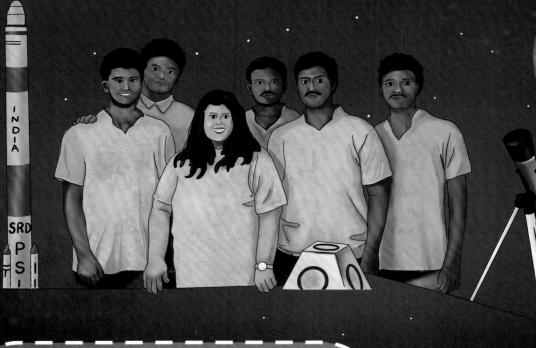

延伸阅读

国际上将重量小于 1 吨的卫星，称为小卫星。通常质量小于 10 千克、具有实际使用功能的卫星称作纳卫星（NanoSat）。立方体卫星是一种规格化的纳卫星，该概念在 1999 年由加州州立理工大学和斯坦福大学联合提出，目的是提供一种标准的纳卫星设计方案，从而降低成本、缩短研制时间，便于发射入轨、保持较高的发射频率。立方体卫星每个标准尺寸单元称为 1U，其内核尺寸为 10 厘米 ×10 厘米 ×10 厘米，质量不超过 1.33 千克。

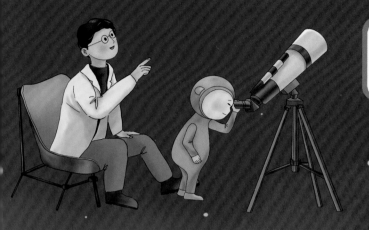

小问号：天上有那么多人造卫星在轨，最大最重的一颗是不是我们的空间站？

Z博士：根据NASA官网的介绍，人造卫星通常指的是发射到太空并围绕太空中的物体运行的航天器。除了围绕地球的非载人卫星以外，用于深空探测的哈勃空间望远镜和空间站等，都可以包含其中。天空实验室重达80吨，迄今保持着最重单个舱段的纪录。

美国天空实验室1号

　　天空实验室是美国第一个环绕地球运行的空间站，是土星5号运载火箭将它发射到轨道上的，是最重的人造地球卫星。它长36米，最大直径约7米，容积368立方米。整个空间站重约80吨，要16辆载重5吨的大卡车才能拖得动。其轨道高度约435千米，运行周期93分钟，倾角50度。由工作舱、多功能对接舱、太阳望远镜等部分组成。

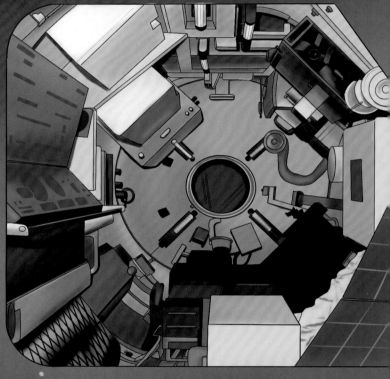

　　从1973年5月到1974年2月，天空实验室先后接纳过3批航天员，每批3人，他们在站分别工作了28天、59天和84天，进行了270多项研究实验，拍摄了18万张太阳活动的照片、4万多张地面照片，还进行了长期失重人体生理学实验和失重下材料加工的试验。除此之外，航天员们还在天空实验室进行了许多生物实验，研究了植物在太空中生长与在地球上生长是否不同的问题，研究了细菌在太空的生长情况。1979年7月11日，天空实验室进入大气层时被烧毁。

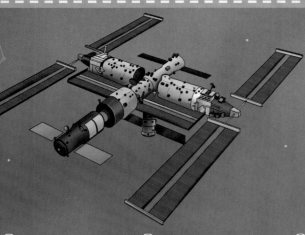

中国载人空间站简称中国空间站，是一个在轨组装成的具有中国特色的空间实验室系统。空间站轨道高度为 400~450 千米，倾角 42~43 度，设计寿命为 10 年，长期驻留 3 人，总重量可达 90 吨，以进行较大规模的空间应用。

空间站的核心舱命名为"天和"，是中国空间站的管理和控制中心，全长 16.6 米，最大直径 4.2 米，发射质量 22.5 吨，可支持 3 名航天员长期在轨驻留，支持开展舱内外空间科学实验和技术试验，是我国目前研制的最大的航天器。天宫空间站基本构型为三舱 T 字构型，3 个舱段分别为天和核心舱、问天实验舱和梦天实验舱，天和核心舱居中。问天实验舱和梦天实验舱分别连接于两侧。

▶ 变化构型图

构型一：天和核心舱
2021 年 4 月 29 日，空间站天和核心舱发射并进入预定轨道。

构型二：天和核心舱 + 天舟二号货运飞船
2021 年 5 月 30 日，天舟二号货运飞船对接天和核心舱后向端口。

构型三：神舟十二号载人飞船 + 天和核心舱 + 天舟二号货运飞船
2021 年 6 月 17 日，神州十二号载人飞船对接于天和核心舱向前端口，与此前已对接的天舟二号货运飞船一起构成三舱（船）组合体。

构型四：天和核心舱 + 天舟二号货运飞船
2021 年 9 月 16 日，神州十二号载人飞船与空间站天和核心舱分离。

构型五：天舟二号货运飞船 + 天和核心舱
2021 年 9 月 18 日，天舟二号货运飞船从空间站天和核心舱后向端口分离，并绕飞至前向端口完成自动交会对接。

构型十：天舟三号货运飞船 + 天和核心舱
2022 年 4 月 20 日，天舟三号货运飞船从空间站天和核心舱后向端口分离，绕飞至前向端口并完成自动交会对接。

构型九：天和核心舱 + 天舟三号货运飞船
2022 年 4 月 16 日，神舟十三号载人飞船与空间站天和核心舱分离。

构型八：天和核心舱 + 天舟三号货运飞船 + 神舟十三号载人飞船
2022 年 3 月 27 日，天舟二号货运飞船撤离空间站核心舱组合体。

构型七：天舟二号货运飞船 + 天和核心舱 + 天舟三号货运飞船 + 神舟十三号载人飞船
2021 年 10 月 16 日，神舟十三号载人飞船对接于天和核心舱径向端口，与此前已对接的天舟二号、天舟三号货运飞船一起构成四舱（船）组合体。

构型六：天舟二号货运飞船 + 天和核心舱 + 天舟三号货运飞船
2021 年 9 月 20 日，天舟三号货运飞船对接于空间站天和核心舱后向端口。

构型十一：天舟三号货运飞船 + 天和核心舱 + 天舟四号货运飞船
2022 年 5 月 10 日，天舟四号对接空间站天和核心舱后向端口。

构型十二：天舟三号货运飞船 + 天和核心舱 + 天舟四号货运飞船 + 神舟十四号载人飞船
2022 年 6 月 5 日，神舟十四号载人飞船对接于天和核心舱径向端口。

构型十三：天和核心舱 + 天舟四号货运飞船 + 神舟十四号载人飞船
2022 年 7 月 17 日，天舟三号货运飞船撤离空间站组合体。

构型十四：问天实验舱 + 天和核心舱 + 天舟四号货运飞船 + 神舟十四号载人飞船
2022 年 7 月 25 日，问天实验舱对接于天和核心舱前向端口。

构型十五：问天实验舱 + 天和核心舱 + 天舟四号货运飞船 + 神舟十四号载人飞船
2022 年 9 月 30 日，问天实验舱完成转位。空间站组合体由两舱"一"字构型转变为两舱"L"构型。

构型十七：梦天实验舱 + 问天实验舱 + 天和核心舱 + 天舟四号货运飞船 + 神舟十四号载人飞船
2022 年 11 月 3 日，梦天实验舱完成转位，与天和核心舱、问天实验舱形成空间站"T"字基本构型组合体。

构型十六：梦天实验舱 + 问天实验舱 + 天和核心舱 + 天舟四号货运飞船 + 神舟十四号载人飞船
2022 年 11 月 1 日，空间站梦天实验舱对接于天和核心舱前向端口。

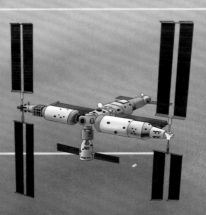

美国先锋1号
（Vanguard-1）

先锋1号人造卫星信息

- 审定名——空间飞行器目录编号 5
- 国际卫星标识符—— 1958-002-B
- 空间飞行器目录名称——VANGUARD 1

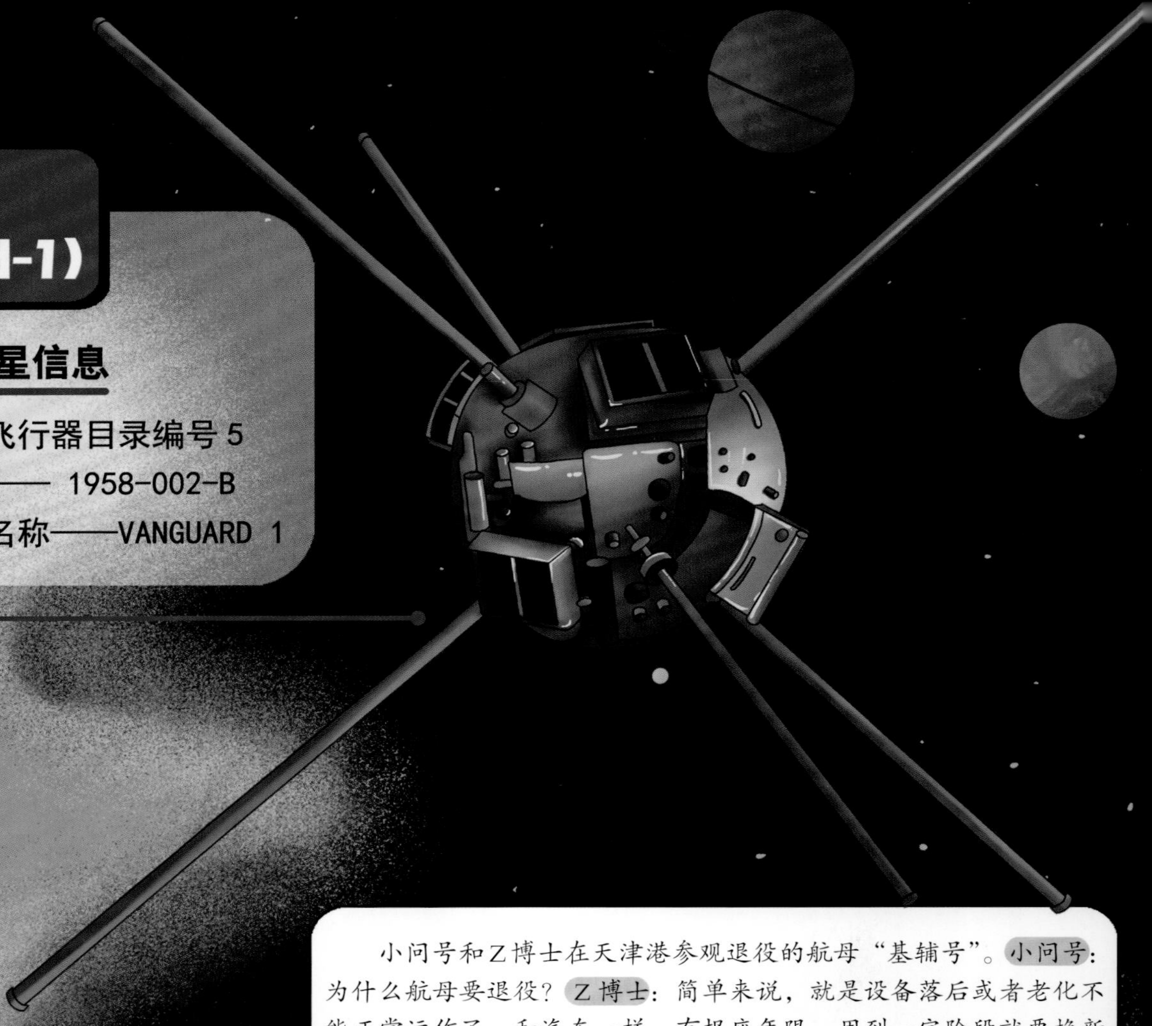

小问号和Z博士在天津港参观退役的航母"基辅号"。**小问号：** 为什么航母要退役？**Z博士：** 简单来说，就是设备落后或者老化不能正常运作了，和汽车一样，有报废年限，用到一定阶段就要换新的了。**小问号：** 那人造卫星的使用寿命有多长？

Z博士： 一般来说，卫星使用寿命在 10 年左右，这个时间和卫星部件的寿命、空间环境和轨道因素都有影响。但是，不得不提一颗特殊的卫星，一直在太空。先锋 1 号（Vanguard-1），自 1958 年 3 月 17 日被发射到绕地轨道之日起，这颗人造卫星就一直在绕轨道运行，已经超过 60 年了。

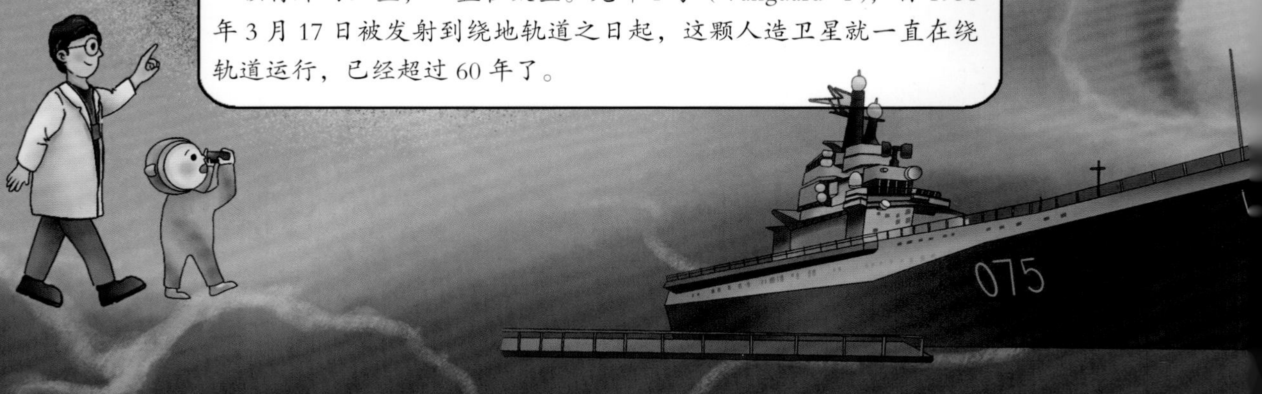

075

卫星详情

- 轨道——648 x3,832 km, 34.3°
- 类别——科研
- 来自国家/组织——美国
- 质量——1千克
- 固有亮度——（食分）10.2（在千公里距离，50%照亮时）
- 最大亮度——（食分）8.3（在近地点，100%照亮时）
- 发射升空日期——（协调世界时UTC）1958年3月17日12:15
- 发射场——卡纳维拉尔角空军基地，美国
- 发射用火箭——先锋号运载火箭
- 说明 The oldest man-made object in orbit!
- 更多信息:http://www.spaceviews.com/1998/03/article1a.html

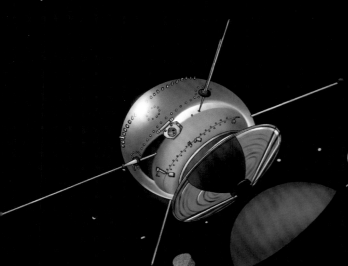

2018年，太空残骸分析师弗罗勒（Tim Flohrer）在坐落德国达姆城的欧洲太空运营中心（ESOC）办公室里，追踪约23,000个登记有案且正环绕地球运转的物体，包括太空船和卫星（部分太空设备还在运作，但大多数已丧失功能），以及火箭残骸和破碎的太空设备硬体等，这些全是人类探索太空60年来的结果。

60年后，先锋1号仍在轨道上绕着地球运行。弗罗勒说："许多早期的卫星，如苏联的斯普特尼克都已重新进入大气层。但我估计，先锋1号还能运转数百年。"

小问号：Z博士，你看，这么多卫星排成一行，在太空驶过，真的像一列太空列车，浩浩荡荡行驶在宇宙中，看上去很是科幻。

Z博士：这是美国的星链星座，是目前世界上在轨数量最多的通信卫星星座。

STARLINK

Constellation size over time

— Total
— Service
— Burned
— Inactive

2023-10-08: 5126
4268 686

美国星链

星链计划（Starlink）是一项由 SpaceX 公司发起的太空互联网计划，旨在为全球提供高速、低延迟、高可靠性的卫星互联网服务。该计划拟在距地球表面 340 千米的轨道上部署 4.2 万颗卫星，组建一个可以覆盖全球，为包括偏远地区在内的全球任意地区提供低时延、高速的互联网接入和通信服务。

美国 SpaceX 公司首席执行官埃隆·马斯克（ElonMusk）于 2015 年宣布，SpaceX 公司将向近地轨道发射约 1.2 万颗星链卫星，组建一个巨型低轨道卫星星座。星链计划最初分为三个阶段，第一阶段在 550 千米的轨道高度上发射 1584 颗 Ku/Ka 频段的星链卫星完成初步组网；第二阶段在 1100 千米至 1325 千米轨道上发射 2825 颗 Ku/Ka 频段的星链卫星，实现全球基本覆盖；第三阶段在 340 千米的轨道高度上发射 7518 颗 V 频段的星链卫星，实现全球完全覆盖；2019 年 10 月，SpaceX 公司宣布将向 FCC 追加申报 3 万颗卫星在完成 1.2 万颗卫星发射后，在 328—580 千米的低地球轨道上再发射 3 万颗卫星，总数量将达到 4.2 万颗。

成本低廉

星链计划在成本方面最显著的优势之一是发射成本的降低。SpaceX 公司的"猎鹰 9 号"火箭是一种可重复使用的火箭，还使用了一箭多星的发射策略。例如，在 2021 年 3 月 14 日的一次发射任务中，SpaceX 使用一枚猎鹰 9 号火箭共发射了 60 颗星链卫星。

全球覆盖

星链高密度的全球覆盖是其独特的优势之一。由于地球表面的地形、地貌和人类活动等因素的限制，截至 2021 年底世界上仍有约 38% 的人口（约 29 亿人）无法连接互联网。而星链计划通过大规模卫星的部署，可实现地球上任何一个角落的全覆盖。

速度快

星间链路中，信号可以直接在卫星之间传输，不会受到地形、地貌等因素的限制，因此传输延迟更低。这对于需要实时响应的应用非常重要。星链的下载速度最高可达 400Mbps，上传速度最高可达 18.60Mbps 延迟只有 27 毫秒。

延伸阅读

中国 GW 卫星星座计划

2021 年 4 月 28 日，国资委发文公告组建"中国卫星网络集团有限公司"，同日，中国星网在雄安揭牌。"GW"应该就是"国网"的拼音缩写。

GW 向 ITU 提交了两个星座的频谱申请，总计卫星数量为 12992 颗。分为 GW-A59 和 GW-2 两个分星座。其中 GW-A59 星座包括 3 个子星座，共计 6080 颗卫星，GW-2 星座由 4 个子星座组成，共计 6912 颗卫星。根据 ITU 规则，申请相关频率的单位，必须在 7 年内完成卫星发射和信号验证，才能真正拥有该频率的使用权。

Z档案（10）

世界上在轨数量最多的导航卫星
——中国北斗卫星导航系统

小问号：看，最新的新闻，2023年5月17日10时49分，我国在西昌卫星发射中心用长征三号乙运载火箭，成功发射第56颗北斗导航卫星。

Z博士：中国北斗卫星导航系统正式建成，可以称得上是真正的全球卫星导航系统，这也是我国综合能力的强力展示。

2023 5月17日 10:49

北斗卫星导航系统

北斗卫星导航系统(以下简称北斗系统)

北斗系统是中国着眼于国家安全和经济社会发展需要，自主建设运行的全球卫星导航系统，是为全球用户提供全天候、全天时、高精度的定位、导航和授时服务的国家重要时空基础设施。

BeiDou Navigation Satellite System
（北 斗 卫 星 导 航 系 统）

BDS

无论是夜空中的北斗七星，还是如今的北斗系统，星座中的每一颗"星"都独具特色，都有自己的功用。北斗三号全球星座由地球静止轨道（GEO）、倾斜地球同步轨道（IGSO）、中圆地球轨道（MEO）三种轨道卫星组成，北斗人称这三种卫星为"北斗三兄弟"。根据三种轨道卫星名称英文首字母的发音，又被亲昵地称作"吉星""爱星"和"萌星"。3颗"吉星"，3颗"爱星"，以及24颗"萌星"，共同构成了北斗三号星座大家族。每颗卫星根据各自运行轨道特点和承载功能，既各司其职，又优势互补，共同为全球用户提供高质量的定位导航授时服务。

吉星——GEO 卫星

位于距地球约3.6万千米、与赤道平行且倾角为0°的轨道。GEO卫星定点于赤道上空，理论上星下点轨迹（卫星运行轨迹在地球上的投影）是一个点，因其运动周期与地球自转周期相同，相对地面保持静止，所以称作地球静止轨道卫星。GEO卫星单星信号覆盖范围很广，一般来说，三颗GEO卫星就可实现对全球除南北极之外绝大多数区域的信号覆盖。GEO卫星始终随地球自转而动，对覆盖区域内用户的可见性达到100%。同时，GEO卫星因轨道高，具有良好的抗遮蔽性，在城市、峡谷、山区等具有十分明显的应用优势。

爱星——IGSO 卫星

与GEO卫星轨道高度相同，运行周期也与地球自转周期相同，但其运行轨道面与赤道面有一定夹角，所以称作倾斜同步轨道卫星。IGSO卫星星下点轨迹呈现"8"字形。与GEO卫星同为高轨卫星，IGSO卫星信号抗遮挡能力强，尤其在低纬度地区，其性能优势明显。IGSO总是覆盖地球上某一个区域，可与GEO卫星搭配，形成良好的几何构型，一定程度上克服GEO卫星在高纬度地区仰角过低带来的影响。同时，由于我国地处北半球，GEO在赤道平面内运行，由于高大山体、建筑物的遮挡，在其北侧的用户难以接收GEO卫星信号，而IGSO卫星可有效缓解这一问题的影响。

萌星——MEO 卫星

星如其名，小巧灵活。全球卫星导航系统星座多由MEO卫星组成，运行轨道在约2万千米高度轨道。MEO卫星像极了不知疲倦的小萌娃，在自己的跑道上绕着地球一圈又一圈地奔跑，星下点轨迹不停地画着波浪线，以便覆盖到全球更广阔的区域。MEO卫星因其全球运行、全球覆盖的特点，是全球卫星导航系统实现全球服务的最优选择。

北斗卫星	GEO卫星	IGSO卫星	MEO卫星
名称	地球静止轨道卫星	倾斜地球同步轨道卫星	中圆地球轨道卫星
昵称	吉星	爱星	萌星
轨道高度	3.6万千米左右	3.6万千米左右	2万千米左右
星下点轨迹	投影一个点	锁定区域画8字	绕着地球画波浪
个性特点	深情专一：始终定点凝望	善于协作：覆盖区域的中坚	灵活多动：环绕全球运行

延伸阅读

看懂这些缩略词，你可以更了解北斗！

BDS - BeiDou Navigation Satellite System
北斗卫星导航系统

GNSS - Global Navigation Satellite System
全球卫星导航系统

ICG - International Committee on Global Navigation Satellite Systems
全球卫星导航系统国际委员会

全球卫星导航系统国际委员会是在联合国框架下倡导成立的卫星导航领域的国际专业组织，旨在推动卫星导航系统的全球应用，是世界卫星导航领域交流、协调与合作的重要多边舞台，是卫星导航领域的"联合国"。北斗系统作为四大全球卫星导航系统核心供应商之一，积极参与ICG相关活动，连续担任供应商论坛主席。

世界上对地观测最久的遥感卫星
——美国陆地卫星

小问号：Z博士，天上现在有卫星正在"观察"我们这一带吗？

Z博士：当然有，很多遥感卫星每天都会"过顶"世界各地许多次。遥感就是遥远的感知，遥感卫星就是通过电子和光学仪器从太空中观测地球。它们就像地球的"自拍神器"，可为人类提供大量地球的图片、影像等重要数据，对人类的生产生活帮助巨大。因此，遥感卫星从诞生一直受到世界各国高度的重视。其中，美国的陆地卫星计划是世界上运行时间最长的地球观测活动，自1972年首颗卫星发射至今，系列陆地卫星已经持续观测地球50余年。

LANDSAT
◀ 美国陆地卫星

美国陆地卫星（Landsat）计划是美国用于探测地球资源与环境的系列地球观测卫星系统，由美国航空航天局（NASA）和美国地质调查局（USGS）共同管理。其主要任务是调查地下矿藏、海洋资源和地下水资源，监视和协助管理农、林、畜牧业和水利资源的合理使用，预报农作物的收成，研究自然植物的生长和地貌，考察和预报各种严重的自然灾害（如地震）和环境污染，拍摄各种目标的图像，以及绘制各种专题图（如地质图、地貌图、水文图）等。从1972年7月23日发射的Landsat1到2021年9月27日发射的Landsat9，该计划目前一共发射了9颗卫星，已经持续观测地球50余年之久。它们拍摄的图像可通过USGS Earth Explorer获得。

卫星	发射时间	停用时间	传感器组成	空间分辨率(米)	波段	重访周期(天)	轨道高度(千米)	倾角(度)	卫星运行单
Landsat-1	1972/7/23	1978/1/6	MSS/RBV	80	Green,Red,	18	900	99.2	NASA
Landsat-2	1975/1/22	1983/7/27	MSS/RBV	40、80	NIR1,NIR2	18	900	99.2	NASA
Landsat-3	1978/3/5	1983/9/7	MSS/RBV	40、80	Green,Red, NIR1,NIR2, Thermal	18	900	99.2	NASA
Landsat-4	1982/7/16	1993/12/14	MSS/TM	30、120	Blue,Green, Red,NIR1, NIR2,MIR, Thermal	16	705	98.2	NASA、Eoa
Landsat-5	1984/3/1	2013/1/5	MSS/TM	30、120		16	705	98.2	
Landsat-6	1993/10/5	发射失败	ETM	15、30、60		--			
Landsat-7	1999/4/15	在役	ETM+	15、30、60	Blue,Green, Red,NIR-1, SWIR-1, SWIR-2, Thermal, Panchromatic	16	705	98.2	NOAA
Landsat-8	2013/2/11	在役	OLI/TIRS	15、30、100	Coastal,Blue, Green,Red, NIR1,SWIR-1, SWIR-2,Cirrus, Panchromatic, TIR-1,TIR-2	16	705	98.2	NOAA
Landsat-9	2021/9/27	在役	OLI2/TIRS2	15、30、100					

Landsat1

Landsat2

Landsat3

Landsat4

Landsat5

Landsat7

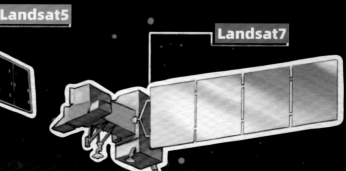

延伸阅读
中国高分卫星

中国高分系列卫星是"高分专项"所规划的高分辨率对地观测的系列卫星，属于《国家中长期科学和技术发展规划纲要（2006~2020年）》所确定的16个重大专项之一。目前，高分卫星已经从高分一号发展到高分十四号，覆盖了从全色、多光谱到高光谱，从光学到雷达，从太阳同步轨道到地球同步轨道等多种类型，构成了一个具有高空间分辨率、高时间分辨率和高光谱分辨率能力的对地观测系统，其16米数据已通过CNSA-GEO平台对外开放共享。

"吉林一号"

"吉林一号"卫星星座由中国第一家商业遥感卫星公司长光卫星自主建设，是中国重要的光学遥感卫星星座。2015年，长光卫星自主研制的"吉林一号"遥感卫星成功发射，揭开了中国商业航天的大幕。2023年6月15日，长光卫星41颗星在中国太原卫星发射中心成功发射，其中36颗进入"吉林一号"卫星星座轨道，使其在轨卫星数量达到108颗。预计2025年"吉林一号"将实现300颗卫星组网。该卫星星座已在农林、水利、环保、交通、自然资源、城市建设等14个领域开展各类服务，客户来自全球10余个国家和地区。

高分专项

高分辨率对地观测系统重大专项

卫星名	发射日期	状态	卫星类型	卫星名	发射日期	状态	卫星类型
高分一号	2013/4/26	在用	光学遥感卫星	高分九号	2015/9/14	在用	光学遥感卫星
高分二号	2014/8/19	在用	光学遥感卫星	高分十号	2019/10/5	在用	雷达卫星
高分三号	2016/8/10	在用	雷达卫星	高分十一号	2018/7/31	在用	光学遥感卫星
高分四号	2015/12/29	在用	同步轨道光学遥感卫星	高分十二号	2019/11/28	在用	雷达卫星
高分五号	2018/5/9	在用	陆地、大气光学遥感卫星	高分十三号	2020/10/12	在用	光学遥感卫星
高分六号	2018/6/2	在用	光学遥感卫星	高分十四号	2020/12/6	在用	光学立体测绘卫星
高分七号	2019/11/3	在用	光学遥感卫星	高分多模	2020/7/3	在用	光学遥感卫星
高分八号	2015/6/26	在用	光学遥感卫星				

世界上看地最深的一种卫星
——雷达遥感卫星

小问号：Z博士，古诗说"不畏浮云遮望眼，只缘身在最高层"，您看这张光学卫星拍摄的地面图片，都从高高的太空往下看了，怎么还是被云朵遮挡了很多地呀？请问世界上有没有能够穿透云层看清地面的遥感卫星呢？

Z博士：有，雷达遥感卫星通过发射电磁波"观测"地球时，不仅能够穿透云雾雨雪"全天候"看清地面和海上目标，还可以无论白天黑夜"全天时"看清地面和海上目标，甚至可以穿透繁茂的植被乃至地表土壤看清地下目标，还能通过干涉技术看出目标的高度和速度，可谓"十项全能"。

合成孔径雷达
Synthetic Aperture radar

SAR

合成孔径雷达，Synthetic Aperture radar，简称 SAR。目前，SAR 雷达卫星是唯一能在黑夜以及云雾条件下对地球表面或浅层地下进行观测的遥感卫星。这种"全天候、全天时、全方位"的对地观测能力，决定了其在国防、应急、农业、国土、资源、经济等众多领域的重要地位，也逐步成为影响国际格局的重要变量。

1978年6月28日
Seasat-A 卫星

1978 年 6 月 28 日，美国国家航天局从范登堡基地发射了 Seasat-A 卫星，星上首次装载了合成孔径雷达，卫星运行在距地面 800 千米的轨道上，倾斜角 108°。这是世界上第一颗合成孔径雷达卫星，也是最早的地球观测卫星之一。虽然该星只工作了三个月，但向地面传回了大量有关陆地、海洋和冰面的图像，标志着 SAR 技术已进入空间领域，开创了星载合成孔径雷达的历史。

发射时间	国籍	主要SAR卫星
1978年至2021年	美国	Seasat-A；Sir-A，Sir-B，Sir-C/X-SAR；长曲棍球Lacrosse-1，Lacrosse-2，Lacrosse-3，Lacrosse-4，Lacrosse-5；"奋进"号测绘使命SRTM任务；Capella-1，Capella-2，Capella-3，Capella-4等
1991年至2016年	欧空局	欧洲遥感卫星ERS-1，欧洲遥感卫星ERS-2，欧洲遥感卫星Envisat；Sentinel-1A（哨兵-1A），Sentinel-1B（哨兵-1B）等
1992年至2014年	日本	JERS-1 日本地球资源卫星；陆地观测卫星一号（ALOS-1），陆地观测卫星二号（ALOS-2）等
1995年至2006年	加拿大	RadarSat-1，RadarSat-2
2007年至2009年	德国	TerraSAR-X星座5颗
2007年至2010年	意大利	COSMO-SkyMed星座-1，-2，-3，-4
2012年至2023年	中国	环境一号卫星HJ-1C；高分三号01星，02星，03星；海丝一号；巢湖一号；齐鲁一号；陆地探测一号01组A星，陆地探测一号01组B星；宏图一号01，02，03，04等
2018年至2022年	芬兰	ICEYE-X1，X2，X3，X4，X5，X6，X7，X8，X9，X10，X11，X12，X13，X14，X15，X16，X17，X18，X19，X20，X21等

"长曲棍球" SAR卫星
LACROSSE

"长曲棍球"（Lacrosse）系列 SAR 卫星，是世界上最著名的军用雷达侦察卫星，已成为美国卫星侦察情报的主要来源。自 1988 年 12 月 2 日，由美国"亚特兰蒂斯"号航天飞机将世界上第一颗高分辨率雷达成像卫星"长曲棍球-1"（Lacrosse-1）送入预定轨道后，又分别在 1991 年 3 月、1997 年 10 月、2000 年 8 月和 2005 年 4 月将 Lacrosse-2、Lacrosse-3、Lacrosse-4、Lacrosse-5 送入太空，目前在轨工作的有 Lacrosse-2 ~ Lacrosse-5。4 颗卫星以双星组网，采用 X、L 2 个频段和双极化的工作方式，其地面分辨率达到 1 米（标准模式）、3 米（宽扫模式）和 0.3 米（精扫模式），在宽扫模式下，其地面覆盖面积可达几百平方千米。

GF-3 中国高分三号卫星

中国高分三号卫星（GF-3）01 星于 2016 年 8 月 10 日发射升空，是中国首颗 C 波段全极化合成孔径雷达卫星，以及中国低地球轨道上第一颗大尺度、大翼展卫星，同时也是全球分辨率最高的 C 波段雷达卫星。高分三号 02 星于 2021 年 11 月 23 日成功发射，高分三号 03 星于 2022 年 4 月 7 日发射入轨，我国首个高分微波遥感卫星星座初步建成，全天时、全天候对地微波成像能力初具规模。2016 年，高分三号 01 星一经发射就创造了大功率遥感卫星单次连续成像近小时量级的世界纪录，02、03 星海洋连续探测的全球观测模式单次连续成像时间延长了一倍，03 星的 SAR 载荷单圈工作时长由 30 分钟增加到 100 分钟，再次刷新了世界纪录，可实现全球海域长时间连续监测。

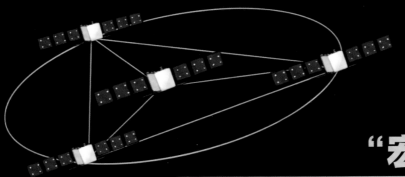

"宏图一号"
分布式干涉SAR遥感卫星星座

2023 年 3 月 30 日，中国"宏图一号"分布式干涉 SAR 遥感卫星星座成功发射入轨。该星座由"1 颗主星 +3 颗辅星"共 4 颗高分辨率 X 波段合成孔径雷达卫星组成，是中国第一个分布式多基线干涉雷达星座，也是全球首个采用四星车轮式编队构型的多星分布式干涉合成孔径雷达系统，具备全球范围高分宽幅成像、高精度测绘及形变监测等能力，在城市地质灾害监测、海洋监测、洪涝灾害监测、地表沉降监测、实景三维建设等业务领域具备较大的应用前景。

世界上望天最远的一类卫星
——空间望远镜

小问号：Z博士您好，我刚去贵州参观了被称为"中国天眼"的FAST射电望远镜，它是目前世界上最大的填充口径射电望远镜，反射面相当于30个足球场那么大。您说为什么人类在地面上有了这么厉害的天文望远镜，还要不断往太空中发射空间望远镜呀？

Z博士：太空中的各类空间望远镜，又被称为"天文卫星"或"太空天文台"，是人类安置在太空中遥望星辰的"千里眼"，用来观测和发现最真实、最遥远的宇宙。由于地球的大气层会吸收和反射大部分来自太空的紫外线、X射线以及红外线等电磁辐射，只有可见光以及部分红外线和射电波可以穿过大气层到达地球表面；同时地球的自转使得地面上的天文望远镜很难长时间对准某一个区域进行曝光。因此，把空间望远镜部署在太空中，就能有效避免这些问题。

哈勃空间望远镜

美国的哈勃空间望远镜以天文学家爱德温·哈勃为名，发射于1990年，运行在距离地球575千米的轨道上。我们所看到的大部分星系和星云图片都是由它拍摄的。经由其观测的资料推断，宇宙的年龄是137亿年，还证实了黑洞存在于星系核中的学说。它曾拍到过数个世纪才会发生一次的彗星与木星的碰撞等珍贵的影像。

钱德拉X射线天文台

美国宇航局的钱德拉X射线天文台是于1999年发射，其特点是兼具极高的空间分辨率和谱分辨率，被认为是X射线天文学上具有里程碑意义的空间望远镜，标志着X射线天文学从测光时代进入了光谱时代。

斯皮策太空望远镜

美国宇航局的斯皮策太空望远镜于2003年发射，由于设备本身也能产生红外线热量，所以斯皮策太空望远镜保持低温工作，工作温度低至零下267摄氏度，能看到太冷而不能发出太多可见光的东西，包括系外行星、褐矮星和在恒星之间的空间中发现的冷物质。

费米伽马射线空间望远镜

美国、德国、法国、意大利、日本、瑞典联合，于2008年发射了费米伽马射线空间望远镜，是在地球低轨道的伽马射线天文台，用来进行大面积巡天以研究天文物理或宇宙论现象，如活动星系核、脉冲星、其他高能辐射来源和暗物质。另外，它搭载的伽马射线暴监视系统可用来研究伽马射线暴。

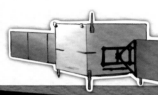

DAMPE

暗物质粒子探测卫星

2015 年 12 月 17 日，中国在酒泉卫星发射中心用长征二号丁运载火箭成功将暗物质粒子探测卫星"悟空"发射升空。"悟空"号是中国的首颗暗物质粒子探测卫星，是中国的第一个空间望远镜，也是世界上观测能段范围最宽、能量分辨率最优的暗物质粒子探测卫星。"悟空"是中国古典名著《西游记》中齐天大圣的名字，"悟"有领悟的意思，"悟空"有领悟、探索太空之意；另一方面，"悟空"的火眼金睛，犹如暗物质粒子探测卫星的探测器，可以在茫茫太空中，识别暗物质的踪影。2016 年 12 月 29 日，中国科学院紫金山天文台通报，"悟空"号近两个月内频繁记录到来自超大质量黑洞 CTA 102 的伽马射线爆发。

重　　量：1.85吨	长：1.5米
轨道高度：500千米	宽：1.5米
寿　　命：3年以上	高：1.2米

James Webb Space Telescope

詹姆斯·韦布空间望远镜

由美国、欧洲和加拿大三家航空局联合研发的詹姆斯·韦布空间望远镜，是哈勃空间望远镜的继任者，于 2021 年 12 月 25 日发射升空，2022 年 1 月 24 日进入第二拉格朗日点的运行轨道。它的主反射镜由铍制成，口径达到 6.5 米，面积约为哈勃空间望远镜的 5 倍以上；能在近红外波段工作、能在接近绝对零度（相当于零下 273.15 摄氏度）的环境中运行。据报道，韦布空间望远镜发现了宇宙中已知最早的星系，该星系已经存在 135 亿年，还发现一个几乎没有重元素的奇怪遥远星系，并拍摄到一颗系外行星的直接图像，这颗被命名为 HIP65426b 的系外行星是一颗不宜居住的气态巨行星，质量是木星的 6 到 12 倍，年龄在 1500 万年到 2000 万年之间，比地球年轻得多。

中文名	詹姆斯·韦布空间望远镜
英文名	James Webb Space Telescope
缩写	JWST
类型	红外望远镜
所属机构	NASA、ESA、CSA
质量	6.2吨
轨道高度	150万千米（第二拉格朗日点）
口径	6.5米
聚光面积	约25米
发射日期	2021年12月25日
发射火箭	阿丽亚娜5型运载火箭
发射地点	法属圭亚那库鲁航天中心

延伸阅读

日地拉格朗日 L2 点是 1772 年数学家拉格朗日推导证明出：卫星受太阳、地球两大天体引力作用，能保持相对静止的 5 个点之一编号为 L2 的那个点，位于日地连线上、地球外侧约 150 万千米处。在 L2 点卫星消耗很少的燃料即可长期驻留，是探测器、天体望远镜定位和观测太阳系的理想位置，在工程和科学上具有重要的实际应用和科学探索价值，是国际深空探测的热点。2011 年 8 月 30 日，中国第二颗月球探测卫星嫦娥二号已环绕拉格朗日 L2 点稳定运行近 5 天时间，同时也是在世界上首次实现从月球轨道出发到达拉格朗日 L2 点。

Z档案【14】
世界上距离地球最遥远的卫星
——美国旅行者1号探测器

小问号：Z博士您好，我听说天问一号既是我国首个火星探测器，也是我国首颗人造火星卫星。请问探测器和卫星是一回事吗？

Z博士：人造卫星因为会环绕某颗星球飞行，所以称为"卫星"。而探测器是人类探索其他行星或星系而发射的航天器，一种，如美国的伽利略号木星探测器、中国的天问一号火星探测器，由于它们需要环绕目标行星运行，从而成了目标星的"卫星"；另一种，如日本的隼鸟2号返回式小行星探测器，它采集了一颗小行星样本后又返回了地球；还有一种，如美国的旅行者1号和2号深空探测器，它们的目标是真正的"深空"，只飞过而并不环绕或着陆沿途的行星。目前距离地球最远的就是美国的旅行者1号，它已飞出了太阳系，同时肩负着寻找其他星际文明的使命。

美国旅行者1号探测器
1977年9月5日

1977年9月5日，美国宇航局的旅行者1号深空探测器发射升空，主要用于探索外太阳系和日球层以外的星际空间。截至2023年1月1日止，旅行者1号正处于离太阳237亿千米的距离。

旅行者 1 号携带了一张堪称"人类名片"的铜质磁盘唱片，目的是要向不知是否存在的"外星人"介绍人类的情况。唱片表面镀金且内藏金刚石留声机针，意味着十亿年后其音质依然能够保持清晰。唱片的主要内容有：55 种人类语言录制的问候语，包括普通话及闽南语、粤语、吴语三种中国方言；115 幅各类影像，包括太阳系各行星的图片、人类的身体图像及说明、中国的万里长城照片等；90 分钟的声乐集锦，包括地球自然界的各种声音以及 27 首世界名曲，如中国古曲《流水》、莫扎特的《魔笛》和日本的尺八曲等。另外，唱片封套上有一块高纯度的铀 238，这样捕获唱片的外星生命可以根据它的半衰期，推算出探测器的发射日期。

延伸阅读

科学家目前定义了 6 个级别的宇宙速度，越往后越难突破。

第一宇宙速度 7.9 千米每秒，又称环绕速度，是航天器突破地球引力飞向太空环绕地球运行的最小速度。

第二宇宙速度 11.2 千米每秒，又称逃逸速度，是航天器挣脱地球引力环绕太阳公转所需要的最小速度。

第三宇宙速度 16.7 千米每秒，又称脱离速度，是航天器挣脱太阳引力飞出太阳系所需要的最小速度。

第四宇宙速度 据估算至少应大于 82 千米每秒，是航天器摆脱银河系的引力进入星系际空间所需要的最小速度。

第五宇宙速度 据估算至少应大于 2000 千米每秒，是航天器摆脱银河系所在的本星系群（室女座星系群）的引力束缚所需要的最小速度。

第六宇宙速度 据估算至少应大于 10000 千米每秒，是航天器摆脱本星系群所在的本超星系团（室女座超星系团）引力束缚所需要的最小速度。

世界上最"恋家"的卫星——返回式卫星

小问号：我国神州十六号飞船的 3 名航天员于 2023 年 10 月 31 日返回地球了。

Z博士，载人的宇宙飞船和航天飞机需要返回地球，人造卫星也需要返回地球吗？

Z博士：大多数卫星从地面发射入轨后，就会开始在太空中执行任务，通常无须返回地面。但是，有些特殊用途的卫星，如携带实验品的返回式科学实验卫星、携带侦察情报的返回式侦察卫星等，需要在完成任务后整体或部分舱段返回地面。就像恋家的游子一样，在经历太空远行之后，终于回到地球母亲的怀抱。

20 世纪中叶

数码摄像技术还未发展起来，要使用化学胶片进行拍摄，经冲洗后制成影片或照片。当时，侦察卫星完成拍摄后，地面上的人无法立刻看到影像，必须把胶卷送回地面，由此产生了卫星返回的需求。但是卫星要从太空返回地面，需要解决一系列技术难题，如卫星的自主调姿、制动、防热、软着陆、定位，以及落地后搜寻与回收等。可以说，返回式卫星的研制成功，是人类卫星发展史上的一次重要突破。

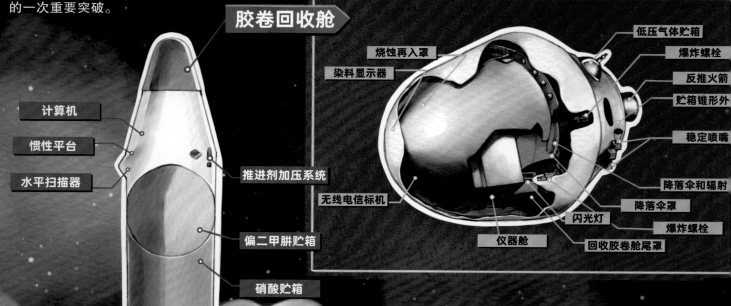

胶卷回收舱

计算机
惯性平台
水平扫描器
推进剂加压系统
无线电信标机
偏二甲肼贮箱
硝酸贮箱
自爆装药
发动机
氧气和氮气瓶

烧蚀再入罩
染料显示器
低压气体贮箱
爆炸螺栓
反推火箭
贮箱锥形外
稳定喷嘴
降落伞和辐射
降落伞罩
爆炸螺栓
闪光灯
仪器舱
回收胶卷舱尾罩

美国制定了研制返回式侦察卫星的计划，该计划取名为"花冠"，并将卫星命名为"发现者"。在经历了 12 次失败后，1960 年 8 月 10 日，发现者 13 号成功发射并回收，美国从太空回收了第一个侦察卫星的胶卷舱，发现者 13 号成为世界上最早的返回式卫星。

胶卷仓返回示意图

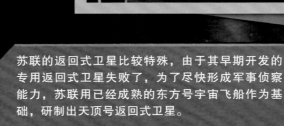

状态调整

分离

制动火箭点火

再入

降落伞打开

夏威夷

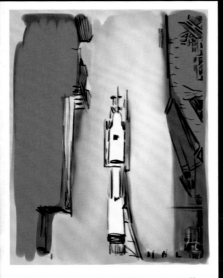

运载第一颗返回式卫星的长征二号运载火箭竖立在酒泉卫星发射场

苏联的返回式卫星比较特殊，由于其早期开发的专用返回式卫星失败了，为了尽快形成军事侦察能力，苏联用已经成熟的东方号宇宙飞船作为基础，研制出天顶号返回式卫星。

中国是继美国和苏联之后，世界上第三个掌握返回式卫星技术的国家。1975 年 11 月 26 日，中国最早的返回式卫星发射成功，11 月 29 日按预定时间返回中国大地。在之后很长一段时间里，返回式卫星是中国发射数量最多的卫星类型，它们在国土资源调查、空间科学研究、航天育种等领域做出了巨大贡献。另外，大量返回式卫星的成功发射、运行和回收，为中国后续研制神舟系列飞船和发展载人航天，奠定了技术和实践基础。

延伸阅读
返回式卫星的关键技术

在卫星超音速下降时，首先会使用像稀疏大网一样的超音速伞，利用几根布带起到减速的作用。而当卫星的速度降低到音速以下时，就可用我们常见的那种致密的、圆盖式的降落伞了。另外，返回式卫星的降落伞颜色比较鲜艳，便于地面回收人员快速找到它们。

卫星从太空再入大气层时，由于速度极快，产生剧烈摩擦，如果没做好防护，返回舱可能会被烧为灰烬。为此，需要在返回式卫星表面铺上特殊材料，在高温环境下，这些材料一边燃烧一边带走热量，从而有效保护星体及其载荷。

小问号：今天是农历七月初七，艮河上真的会有喜鹊搭成的鹊乔供牛郎织女相会吗？

Z博士：那是古代中国民间的美丽传说，但如今在地球与月亮之间真的有一座"鹊桥"了——中国的鹊桥号卫星，它是世界上第一颗也是目前唯一一颗地月中继通信卫星，为跨越40多万千米的地月通信搭建了桥梁。

"鹊桥号" 跨越 40多万千米
世界第一和世界唯一的地月中继通信卫星

随着人类航天活动的范围扩展到月球、火星等星球，甚至开始探索太阳系之外的天体，从地球直接与这些"距离遥远"的航天器进行数据通信变得越来越困难。因此，为深空探测器等提供数据中继通信和测控服务的中继卫星技术应运而生。

嫦娥四号任务是世界首次月球背面软着陆和巡视勘察任务。由于受到月球自身的遮挡，着陆在月球背面的探测器无法直接实现与地球的测控通信和数据传输。因此嫦娥四号任务需要首先发射一颗中继卫星，解决与月球背面的通信问题。

鹊桥号卫星就是专门为中国嫦娥四号月球探测器在月球背面活动而研发的中继通信卫星，是世界首颗地球轨道外专用中继通信卫星。它于2018年5月21日在中国西昌卫星发射中心搭乘长征四号丙运载火箭发射升空。作为架设在嫦娥四号着陆器和巡视器与地球间的"通信中转桥梁"，鹊桥号卫星构筑的信息通路可把在月面背面着陆的嫦娥四号探测器发出的科学数据实时传回地球。

玉兔二号巡视器全景相机对嫦娥四号着陆器成像(中国航天局)

嫦娥四号着陆器地形地貌相机对玉兔二号巡视器成像(中国航天局)

- **2018 年 5 月 21 日** CZ–4C 火箭成功将鹊桥中继卫星送入预定轨道。

- **2018 年 5 月 25 日** 鹊桥中继卫星成功实施近月制动，进入月球至地月拉格朗日 L2 点的转移轨道。

- **2018 年 6 月 14 日** 鹊桥中继卫星成功实施轨道捕获控制，进入环绕距月球约 6.5 万千米的地月拉格朗日 L2 点的 Halo 使命轨道，成为世界首颗运行在地月 L2 点 Halo 轨道的卫星。

- **2019 年 1 月 11 日** 嫦娥四号着陆器与玉兔二号巡视器工作正常，在鹊桥中继卫星支持下顺利完成互拍，地面接收图像清晰完好，探测数据有效下传，嫦娥四号任务圆满成功。

- **2019 年至今** 鹊桥中继卫星上搭载了不少中外科学载荷，如荷兰与中国联合研制的低频射电探测仪，可"聆听"来自宇宙深处的"声音"，并与地面上的探测设备联合进行干涉测量；又如中山大学研制的激光角反射镜，开展了迄今最远距离的激光测距试验；另外，鹊桥中继卫星还为其他国家的航天器提供探月中继通信服务。

延伸阅读

中国探月工程——"嫦娥工程"

2004 年，中国正式开展月球探测工程，并命名为"嫦娥工程"，包括无人月球探测、载人登月和建立月球基地三大任务。其中，无人月球探测又分为"绕、落、回"三个阶段。目前已成功发射五个月球探测器，完成了对月绕飞与探测、月球着陆与巡视，并去月球"挖土"后返回地球，可谓精彩不断、成果丰硕。

2007 年 10 月 24 日，嫦娥一号探测器成功发射，完成中国首次绕月探测任务，之后按计划受控撞月"硬着陆"。

2010 年 10 月 1 日，嫦娥二号探测器成功发射，完成世界首幅 7 米分辨率、全月图等月探测任务，之后飞离月球赴日地拉格朗日 L2 点环绕，随即开启深空探测飞行，至 2014 年年中，嫦娥二号与地球距离突破 1 亿千米。

2013 年 12 月 2 日，嫦娥三号探测器成功发射，携带中国的第一艘月球车玉兔号于 12 月 14 日成功"软着陆"于月球雨海西北部，圆满完成中国首次"软着陆"落月任务。

2018 年 12 月 8 日，嫦娥四号探测器成功发射，携带玉兔二号月球车于 2019 年 1 月 3 日在月球背面着陆，实现了人类首次月球背面软着陆和巡视勘察，其中鹊桥中继卫星发挥了重要作用。

2020 年 11 月 24 日，嫦娥五号探测器成功发射，12 月 1 日成功在月球正面预选着陆区着陆，12 月 17 日嫦娥五号返回器携带采集到的月壤样品返回地球，在中国内蒙古自治区预定区域安全着陆。

2023 年 5 月 29 日，中国载人航天工程办公室表示，中国载人月球探测工程载人登月阶段任务已启动实施，计划在 2030 年前实现中国人首次登陆月球。